DE
l'Intervention Chirurgicale

DANS LE

CANCER DU PYLORE

OU DU DUODÉNUM

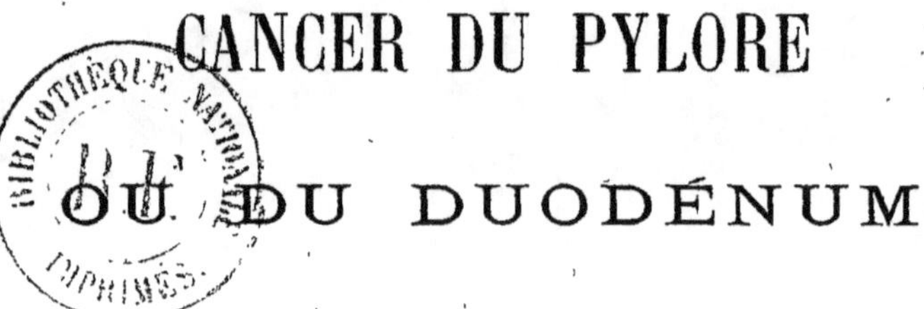

PAR LE

Dr M. BILHAUT

Chirurgien de l'Hôpital International

Dans ce travail sont insérés 16 dessins et 4 photo-gravures

ALEXANDRE COCCOZ, Editeur

11, Rue de l'Ancienne Comédie, Paris

—

1898

DE

l'Intervention Chirurgicale

DANS LE

CANCER DU PYLORE

OU DU DUODÉNUM

PAR LE

Dr M. BILHAUT

Chirurgien de l'Hôpital International

Dans ce travail sont insérés 16 dessins et 4 photo-gravures

ALEXANDRE COCCOZ, Editeur

11, Rue de l'Ancienne Comédie, Paris

—

1898

DE L'INTERVENTION CHIRURGICALE

DANS LE

CANCER DU PYLORE

OU DU DUODENUM [1]

Il y a quelques années, le chirurgien Billroth, de Vienne, prononçait cette parole désormais célèbre : « La chirurgie française suit d'un pas boiteux la chirurgie allemande ». Ce fut un grand émoi dans le corps des chirurgiens de notre pays, et plusieurs d'entr'eux protestèrent contre cette appréciation. Billroth n'avait sans doute en vue que les hauts dignitaires de cette époque, et il n'était pas tout à fait en erreur, s'il entendait parler de l'enseignement et de la pratique de Verneuil, Richet et Lefort, pour ne parler que des disparus. Héritiers des traditions de prudence de leurs devanciers, ils ont voulu conserver intact le dépôt qui leur était échu, et s'ils furent de bons élèves, de fidèles continuateurs de l'œuvre de leurs maîtres, ils n'ont point imprimé à l'art chirurgical l'effort voulu qui présage le progrès.

Mais à côté de l'enseignement de la Faculté, il y avait des hommes d'un réel tempérament chirurgical, et ce qui ne fut point réalisé par la Faculté, fut fait à côté d'elle parmi nos maîtres des hôpitaux. Il en est qui ont fait école et ont étonné leurs contemporains, par leur hardiesse et leurs succès. Parmi ceux-là le nom de Péan est le premier à citer, et les « leçons clini-

---

(1) Communication faite à la Société médicale des Praticiens.

ques de Saint-Louis » resteront comme un témoignage irréfutable de l'importance de la chirurgie française.

Aujourd'hui, la parole de Billroth est absolument controuvée et si les princes de la chirurgie officielle marquent toujours le pas, avec la même majesté que leurs devanciers, un mouvement de décentralisation s'est largement opéré, et chaque jour nous apprenons que des procédés nouveaux sont trouvés, ou vulgarisés, non seulement par ceux qui, chargés de services dans les hôpitaux de Paris, avaient jusqu'à ce jour monopolisé en quelque sorte la médecine opératoire, mais par des confrères de Paris ou de province que l'on eût autrefois considérés comme des irréguliers de la chirurgie. Je n'ai point de noms à citer, ils sont trop connus. Je constaterai seulement que la Société médicale des Praticiens n'a rien à envier aux autres sociétés savantes et qu'il suffit de parcourir ses ordres du jour pour se convaincre de la large part qu'on y fait à la grande chirurgie.

C'est en France que furent faites les premières opérations de chirurgie abdominale pour cancer de l'estomac, limité au pylore. Péan pratiqua le 9 avril 1879 la première pylorectomie. Billroth ne vient qu'en troisième lieu. Pendant quelque temps, on s'étonna ; puis on discuta la possibilité et enfin l'utilité de cette intervention. Il me souvient, qu'il y a peu d'années, le « Bulletin médical » publiait un article du Dr Reclus, où malgré les insuccès des opérations qu'il venait de pratiquer, l'auteur concluait à l'utilité de l'intervention en pareil cas, à condition toutefois de ne pas attendre que la cachexie ait mis le malade dans l'impossibilité de faire face au choc opératoire.

Presque à la même époque, le Dr Doyen (1) publiait un ouvrage des plus intéressants sur l'intervention chirurgicale dans le cancer de l'estomac et formulait même le traitement opératoire de la sténose pylorique et des rétrécissements de l'estomac.

C'est une observation de pylorectomie qui fera le sujet de ce travail.

Le nommé D..., âgé de 55 ans, se présente pour la première fois à ma consultation de l'Hôpital International, le 12 octobre

---

(1) Dr DOYEN. *Traitement chirurgical des affections de l'estomac et du duodénum.* (Ruef, Paris, 1895). Les clichés publiés dans ce remarquable ouvrage ont servi de guide au dessinateur qui a composé les planches de cet article. M. B.

1894. Il m'est adressé par mon collègue, le Dr Paul Cornet, avec cette mention : dilatation extraordinaire de l'estomac.

Le malade est surveillant de travaux à la Compagnie du Gaz ; jusqu'à l'âge de 53 ans il n'a cessé de jouir d'une bonne santé, il avait même pris de l'embonpoint. Son père est mort dans un âge avancé ; sa mère a peut être succombé à un cancer de l'utérus. Le malade est très sobre ; il n'a point contracté la syphilis ; la seule indisposition dont il ait eu quelquefois à se plaindre, c'est la diarrhée, qu'il avait assez facilement par les temps humides et froids. A 53 ans, cet accident ne le quitta guère pendant 5 à 6 mois ; l'amaigrissement fut notable : la constipation se produisit ensuite. Il s'adressa à plusieurs médecins et suivit des traitements divers, pendant les six mois où cet état persista.

Un an avant mon premier examen, il fut pris, un soir, de vomissements alimentaires et rendit des glaires en abondance. C'est, sur ces entrefaites, que le Dr Cornet consulté diagnostiqua une dilatation considérable de l'estomac et conséilla les lavages.

Le malade n'eut d'abord recours au tube de Faucher qu'une fois par jour ; bientôt il dut l'employer deux ou trois fois, retirant à chaque séance un ou deux litres d'un liquide clair : chaque lavage amenait un soulagement marqué. Le Dr Cornet ne voyant survenir aucune réelle amélioration m'envoya ce malade, en me priant de juger si une intervention chirurgicale ne lui serait pas nécessaire.

Le malade est très émacié, il avoue avoir perdu notablement de son poids, et sous cette influence, il dit avoir contracté une hernie inguinale gauche. L'abdomen, ᵗrès souple, se laisse aisément déprimer, et je ne trouve du côté des intestins aucune trace de néoplasme.

A la pression, la région pylorique est sensible, mais la palpation la plus attentive ne me permet pas d'y trouver la moindre nodosité.

A la percussion, on a la notion d'une sonorité stomacale très étendue et dépassant d'un travers de main le niveau de l'ombilic. Sensation de flot, à la succussion. Pas de ganglion susclaviculaire. Le teint n'est pas celui qu'on trouve dans la cachexie cancéreuse.

Rien du côté du rectum.

L'examen des matières rendues par le tube de Faucher ne me permet pas d'y constater la présence de sang. Jamais le malade n'a eu de vomissements noirs.

L'examen qualitatif de l'urine ne décèle point la présence du sucre ni de l'albumine.

L'analyse quantitative faite au laboratoire du Dr Paul Cornet donne un taux normal d'urée.

En l'absence des signes caractéristiques du cancer, je conseille au malade le massage de l'estomac, qui est pratiqué selon les règles voulues pendant un mois environ. L'amélioration est peu importante.

Le malade se rend alors à la maison municipale de santé, y séjourne quelques semaines, pendant lesquelles il est d'abord soumis aux lavages de l'estomac, et il sort de cet établissement dans un état un peu moins satisfaisant qu'à l'époque de son admission.

Las de cette situation, il demande à subir une opération qui le délivre de son mal. Pendant quelques jours, je l'alimente avec du pepto-lait qu'il digère très bien.

Le 4 juin 1895, je pratique l'opération suivante, en présence des Drs A. Lacaille, de Paris, Lavernot, d'Orry-la-Ville, et avec le concours de mes aides habituels.

Le malade est anesthésié, le champ opératoire aseptisé par savonnage, par nettoyage à la solution de permanganate de potasse et de bisulfite de soude, et par frictions à l'éther sulfurique et à l'alcool au sublimé.

Sur la ligne médiane, je fais une incision de laparotomie, longue de 12 centimètres environ et par là je vais à la recherche de l'estomac. Cet organe est amené au niveau de la plaie et j'explore successivement la région pylorique, la grande, puis la petite courbure : je ne trouve aucune lésion. Mais en attirant au dehors la région pylorique, je sens au-dessous d'elle, dans la première portion du duodénum, une tumeur dure, bosselée, formant un anneau résistant et constituant, à n'en pas douter, la lésion pathologique (fig. 1). Par une traction continue, j'amène au dehors tout le néoplasme. Je puis le circonscrire par deux clamps au-dessous et deux autres au-dessus, c'est-à-dire au voisinage du pyiore (fig. 2). L'unique parti à prendre est de réséquer toute la portion malade, si bien délimitée. de fermer isolément le duodénum et l'estomac, enfin de faire aboucher cet organe dans le jéjunum

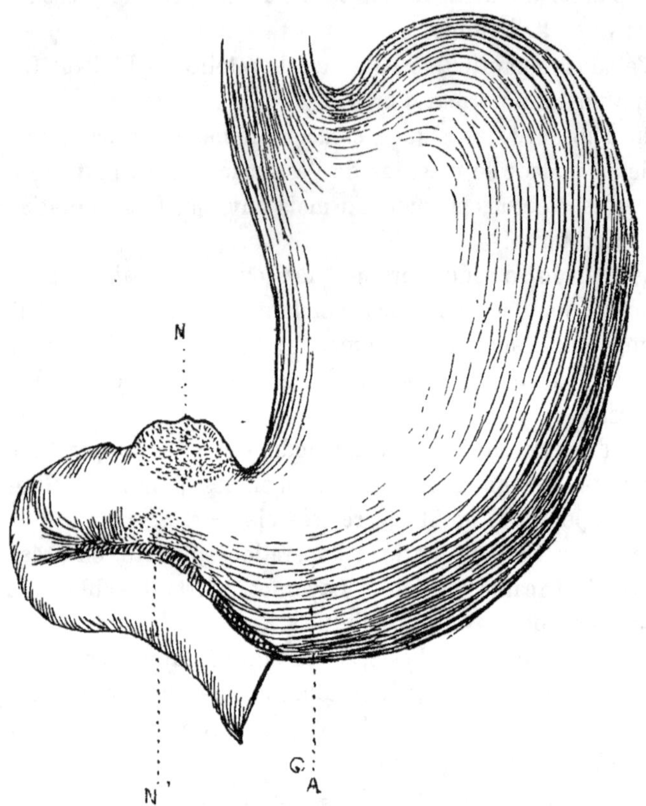

FIG. 1. Cancer annulaire du duodénum au voisinage du pylore.
N.N'. Néoplasme. A. Estomac.

Avec les ciseaux droits, je fais d'abord la section du duodénum au-dessous de la tumeur, puis celle de la partie juxta-pylorique de l'estomac. Je dus placer quelques pinces hémostatiques sur le méso qui supportait la portion réséquée.

Trois plans de sutures à la soie fine furent appliqués pour oblitérer le duodénum; un, muco-muqueux et les deux autres séro-séreux, disposés de manière à invaginer la surface de section.

Même genre de suture du côté de l'estomac. J'eus recours au procédé dit des points passés. J'eus soin de comprendre entre deux points les vaisseaux apparents ; j'obtins ainsi une hémostase parfaite (fig. 3).

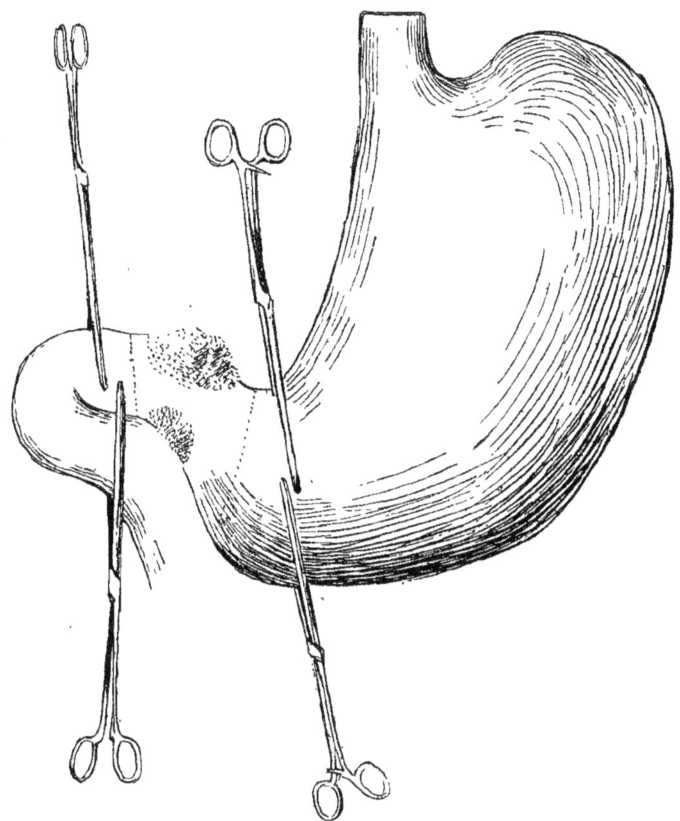

Fig. 2. Placement des clamps au-dessous et au-dessus du néoplasme.
Les lignes en pointillé indiquent le niveau des sections.

Je me mis ensuite à la recherche du jéjunum, je le retournai de manière à lui faire dessiner une courbe en avant et commençai à le fixer à un point convenable de la séreuse de l'estomac, évitant à dessein le voisinage de la ligne des vaisseaux gastriques (fig. 4).

Je fis en arrière deux lignes de sutures légèrement curvilignes, après avoir placé deux clamps courbes sur l'estomac et deux rectilignes sur le jéjunum. Je fis alors une incision transversale de ces deux organes avec la pointe du thermocautère, portée au rouge sombre. J'unis par une suture continue, au catgut, le bord postérieur de la muqueuse gastrique avec le bord postérieur de la muqueuse jéjunale. Ensuite, j'unis les deux lèvres antérieures. Enfin, je terminai par deux plans de suture séro-séreuse et je pris grand soin de consolider les deux extrémités, à droite et à gauche, par deux points supplémentaires. Enfin, j'enlevai les clamps et immédiatement la communication se trouva établie entre l'estomac et l'intestin (fig. 5).

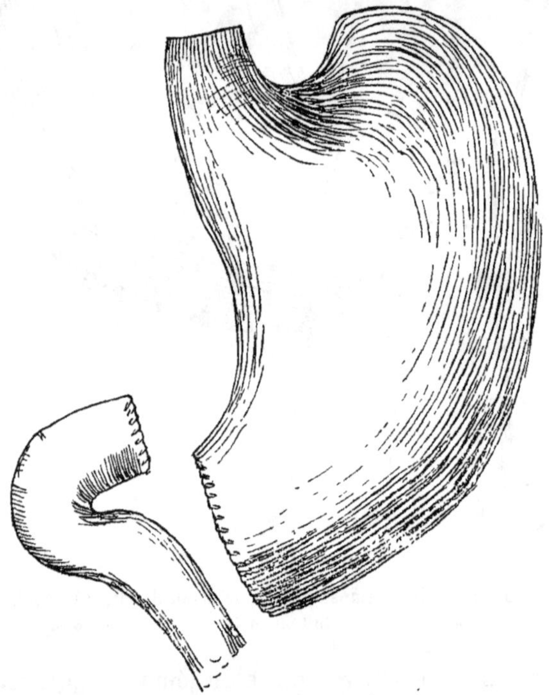

Fig. 3. Fermeture du duodénum et de l'estomac par trois plans de suture superposés.

Je fermai alors l'incision de laparotomie par une simple suture au crin de Florence, en ayant soin de traverser plans par plans, la peau, l'aponévrose superficielle, le muscle droit, l'aponévrose profonde, puis le péritoine. Je traversai les mêmes plans, en sens inverse, pour le côté opposé, et je serrai les fils en ayant soin d'éviter tout froncement et en accolant aussi exactement que possible les surfaces de même nature, péritoine, muscle, etc.

L'opération dura deux grandes heures. La dose de chloroforme administrée fut d'environ 60 grammes.

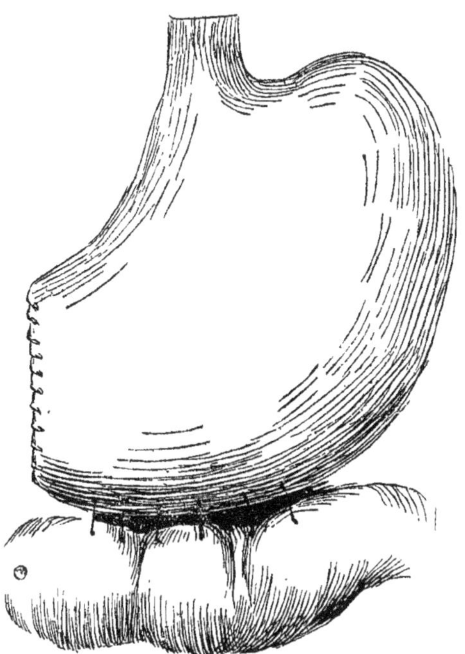

Fɪɢ. 4. Premier plan de suture entre la séreuse de l'estomac et celle du jéjunum.

Le malade supporta convenablement le choc opératoire; point de vomissements chloroformiques. Il fut nourri pendant vingt-quatre heures à l'aide de lavements de bouillon peptonisé ou de lait; à ce moment, il commença à s'alimenter avec le lait additionné légèrement d'eau de Vichy et de pepto-lait. Un lavement laxatif à la glycérine provoqua une garde-robe. Voici quelle fut la marche de la température à partir du soir de l'opération (fig. 6, tracé de la température).

Au quatrième jour, garde-robe décolorée, indiquant que la bile n'a pas produit son action sur le bol alimentaire.

Cinquième jour matin, même état, même garde-robe, pas de fièvre ;

Huitième jour, enlèvement des fils de laparotomie, réunion complète par première intention ;

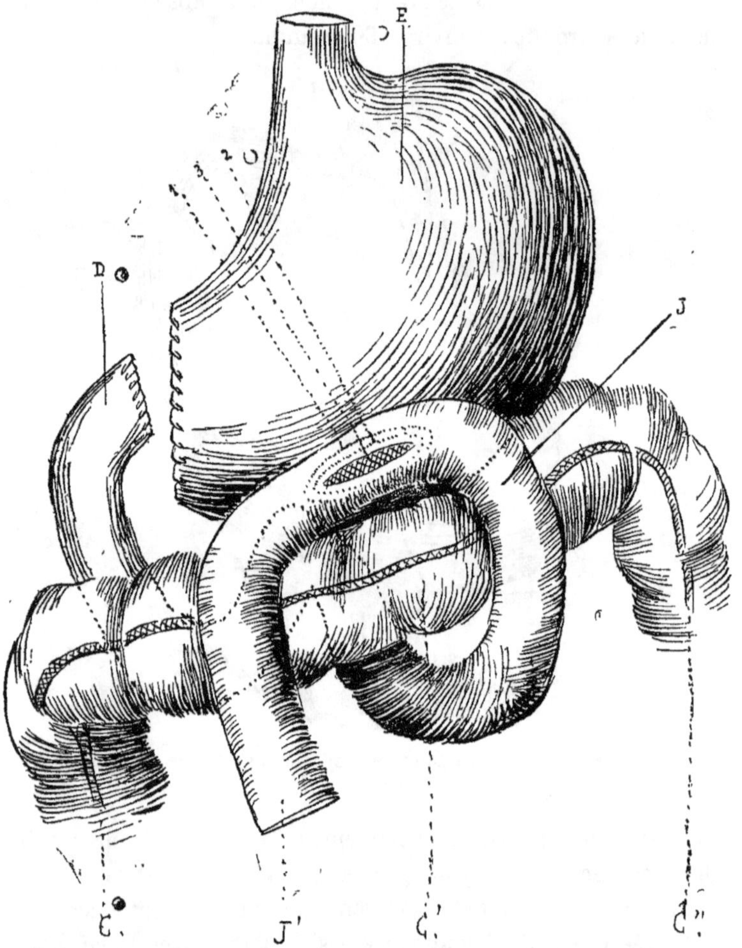

Fig. 5. Schéma des organes après l'opération.

E. Estomac. D. Duodénum. J. Jéjunum. J'. Portion descendante du jéjunum. C Colon ascendant. C'. Colon transverse. C". Colon descendant. 1, 2. Sutures séro-séreuses de l'estomac et du jéjunum. 3. Suture muco-muqueuse entourant l'orifice de communication établi entre le jéjunum et l'estomac.

Treizième jour, élévation de température. Léger gonflement à l'extrémité supérieure de la ligne de suture ;

Dix-neuvième jour, désunion de la suture dans l'étendue d'un centimètre, écoulement de la bile ;

Vingtième jour, garde-robe encore décolorée, chute de la fièvre ;

Vingt-et-unième jour, garde-robe colorée et diminution de l'écoulement biliaire par la plaie abdominale ;

Vingt-quatrième jour, plus de bile dans la plaie, garde-robe colorée, plus de fièvre ;

Vingt-cinquième jour, réunion complète de la plaie et bon état général du malade.

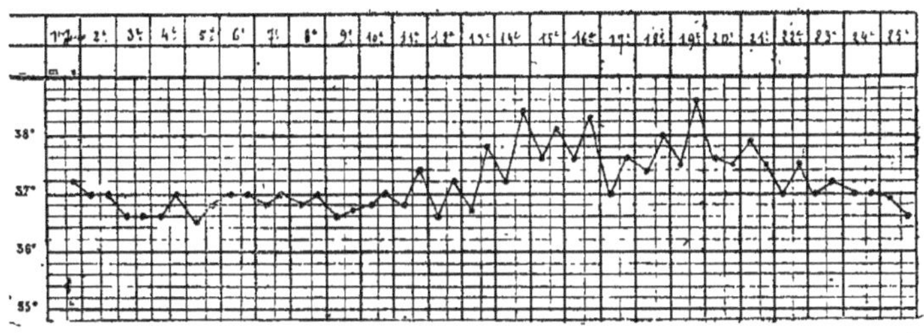

Fig. 6.

Le malade sort de l'Hôpital international le 10 juillet 1895. Son alimentation se fait aussi bien que possible ; il a bonne mine et accuse une importante augmentation de poids.

EXAMEN DE LA TUMEUR

La portion réséquée d'intestin et d'estomac a la forme d'un tronc de cône dont la base correspond à l'antre pylorique. La section, faite en biais, a porté sur des parties parfaitement saines ; la mensuration donne une longueur de quarante-cinq millimètres. Le diamètre antéro-postérieur, du côté du duodénum, est de vingt-huit millimètres ; au niveau de la section stomacale, il est de trente-cinq millimètres.

Le diamètre vertical de la tumeur est de deux centimètres au niveau de la section duodénale et de trente-sept millimètres au voisinage du pylore (fig. 7, 8, 9, 10).

La ligne de suture de l'estomac, après résection et invagination, atteignait huit centimètres.

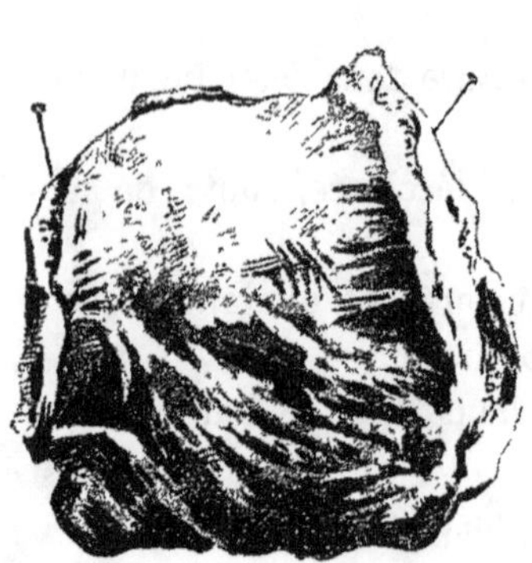

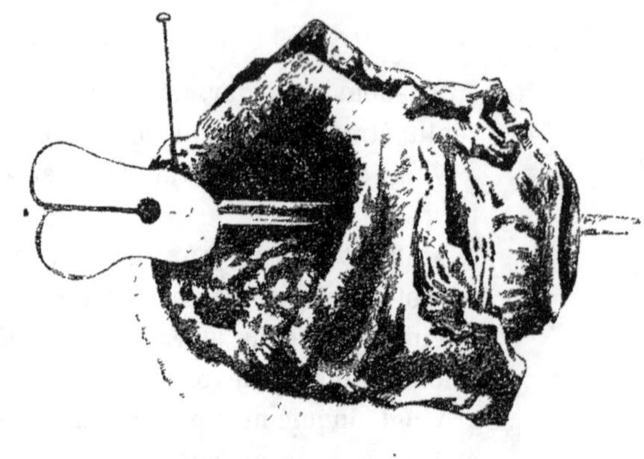

Fig. 7

Tumeur annulaire vue de face,
d'après une photographie.

Fig. 8

Tumeur vue par sa partie postérieure, de trois quarts,
et orientée pour mettre en évidence l'orifice pylorique.

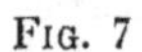

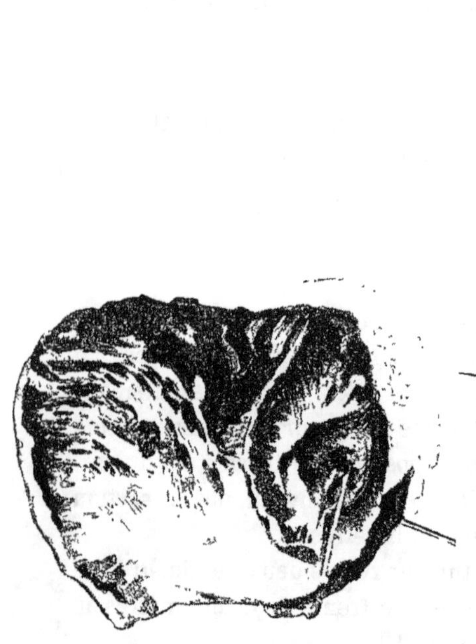

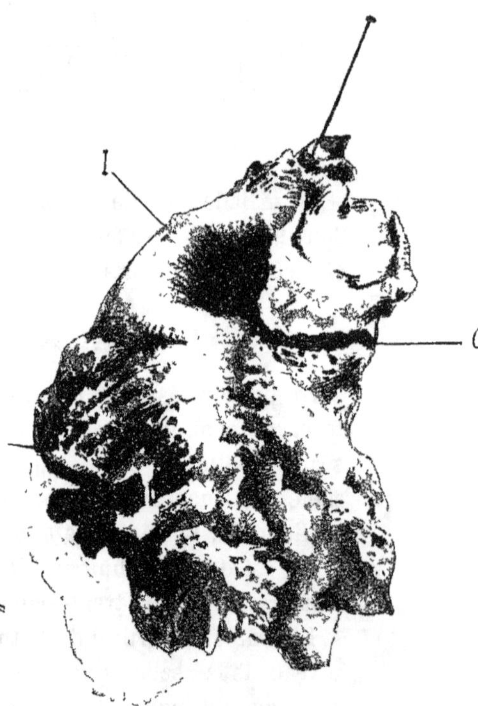

Fig. 9

Tumeur vue par sa partie postérieure, de
trois quarts, et orientée pour mettre en
évidence son orifice duodénal.

Fig. 10

Tumeur ouverte transversalement, vue d'arrière,
étalée et photographiée après fixation avec des
épingles.

I. Antre pylorique. C. Canal intestinal.

Une sonde cannelée, de petit modèle, passe difficilement par le canal intestinal, très retréci (fig. 8).

La tumeur, ouverte dans le sens de la longueur, est étalée ; on voit qu'elle donne passage à un canal tortueux (fig. 10) dont le diamètre est à peine de deux millimètres. La dégénérescence de l'intestin est annulaire, bien que certaines parties soient plus épaissies que les autres.

L'examen histologique, pratiqué au laboratoire du Dr Latteux, indique que la tumeur est de nature épithéliale : que pour la portion réséquée, les éléments épithéliaux sont particulièrement abondants dans le duodénum, mais que déjà la région pylorique est le siège d'une prolifération épithéliale anormale ; enfin, que la section a été opérée sur des parties non dégénérées.

J'ai eu cette année encore l'occasion d'intervenir dans un cas de cancer de l'estomac qui avait envahi la majeure partie de la face antérieure de cet organe : il s'agissait d'un malade très déprimé, ayant perdu une quantité énorme de poids, 30 kilos environ. La teinte cachectique, l'intolérance absolue de tout aliment solide, la difficulté même de digérer le lait additionné d'eau de Vichy, tout cela ne laissait aucun doute sur la terminaison fatale. Ce malade venait du département de Seine-et-Marne, et ne trouvant pas accès dans les hôpitaux de Paris, il se présenta à l'Hôpital International avec un mot de recommandation de son député, M. Ouvré.

La palpation permettait de constater une tumeur dure, bosselée, assez profondément située, et n'ayant aucune adhérence avec la peau. Le malade avoue s'être livré autrefois à des excès de boissons qui, dans son esprit, demeurent la cause la plus certaine du mal dont il souffre. Il y a deux ans, il fut pris de vomissements pituitaires survenant irrégulièrement. Il cessa alors de boire, mais peu à peu il vit ses forces diminuer, et il ne tarda pas à être pris de vomissements incessants.

Soumis à un régime lacté, qu'il suivit assez exactement, il n'en vit pas moins les troubles gastriques persister. Au moment de mon premier examen, ce malade en était arrivé à ne plus rien digérer.

Depuis trois mois, les vomissements se composent de parcelles alimentaires mélangées de sang à moitié digéré ; leur teinte est analogue à celle de la suie délayée dans de l'eau, ou de marc de café.

C'est là, il faut en convenir, un caractère de haute valeur : en effet, il lève tous les doutes au sujet de la nature du néoplasme. Au-dessus de la clavicule, je constate la présence du ganglion de Troisier.

L'analyse de l'urine ne décèle point la présence de l'albumine, ni du sucre. Les membres inférieurs sont légèrement infiltrés, particulièrement au niveau des malléoles.

Je propose au malade de lui pratiquer une opération qui, à mon sens, lui permettra de reprendre ses forces, en s'alimentant d'une façon plus favorable et lui assurera une survie valant la peine d'être comptée.

Le volume de la tumeur ne permet pas d'espérer de l'enlever en totalité : une opération radicale paraît être extrêmement dangereuse, et j'estime qu'il vaut beaucoup mieux s'en tenir à une intervention palliative. J'estime que la lésion du pylore est actuellement le siège d'une irritation, par le fait de la stagnation de matières alimentaires à son voisinage : aussi, n'est-il pas surprenant de voir d'ordinaire la lésion s'améliorer, diminuer en quelque sorte, grâce au passage plus facile des aliments, à la faveur de l'abouchement de l'estomac dans une anse d'intestin grêle.

J'espère trouver, à côté de la tumeur, une portion de l'estomac suffisamment saine et suffisamment étendue pour me rendre possible la gastro-jéjunostomie. Grâce à cet artifice, les aliments cesseront de rester en état de stagnation dans l'estomac, leur rôle d'irritation disparaîtra, et l'assimilation pourra se faire dans des conditions relativement favorables.

Cette opération est pratiquée le 13 Novembre 1896, pendant l'anesthésie chloroformique. Dans un premier temps, je fais une incision de laparotomie, longue de douze centimètres environ, sur la ligne médiane. Ensuite, avec le doigt, j'explore la face antérieure et la face postérieure de l'estomac; je saisis la tumeur, je l'attire dans les lèvres de la plaie, je vois qu'elle s'étend de la première portion du duodénum jusqu'au milieu de la face antérieure de l'estomac. A partir de ce point, l'organe est sain, et je trouve un lieu très convenable pour pratiquer la gastro-jéjunostomie. La tumeur est grosse comme les deux poings, fortement vascularisée, très dure au niveau de quelques bosselures. Si je devais l'enlever, il serait nécessaire de produire une énorme perte de substance après laquelle il me serait difficile de trouver l'étoffe suffisante pour l'abouchement de l'estomac dans l'intestin. De plus, l'extension du néoplasme. du côté du duodénum, est trop considérable pour que je puisse réséquer sans danger cette portion d'intestin. Je place des clamps courbes du côté de l'estomac, de manière à bien circonscrire la région que je vais suturer. Je place de même, sur l'anse du jéjunum que je ramène en avant et de gauche à droite, deux pinces droites qui permettront de fixer cette partie de l'intestin et de la maintenir au voisinage de la région de l'estomac avec laquelle je vais la suturer.

Après avoir pratiqué deux lignes de sutures séro-séreuses, j'ouvre l'estomac d'abord, puis le jéjunum, avec la pointe du thermocautère ; je suture alors les deux lèvres de la muqueuse situées en arrière de cette incision. Enfin, opérant de même pour la partie antérieure, j'ai un abouchement aussi parfait que possible, comme dans l'observation que j'ai indiquée précédemment (fig. 5).

Les suites opératoires furent des plus simples : six heures après cette intervention, le malade prenait un bol de lait qui passa avec la plus grande facilité. La réunion de la plaie opératoire se fit par première intention et, huit jours après mon intervention, le malade put manger et digérer des aliments solides.

Il ne peut être question, dans ces sortes d'opérations, de guérison définitive, presque rien n'est tenté pour supprimer le cancer. Comme je l'avais prévu, les forces du malade ne tardèrent pas à se relever. Après un mois, il avait regagné quinze livres, et l'augmentation progressa pendant quatre mois ; mais au bout de ce temps, le cancer envahit très probablement les lèvres de l'anastomose gastro-jéjunale. Alors les digestions devinrent plus difficiles, et le malade dut se contenter de revenir au régime lacté. Il succomba dix mois après son opération, n'ayant jamais eu de vomissements. Sa fin doit être attribuée à la généralisation du cancer et à l'affaissement de l'organisme.

Peu de temps avant le décès, de gros ganglions apparurent aux aines. On sentit, en outre, des tuméfactions dures, bosselées, en différents points de la cavité abdominale. Il est probable que les ganglions mésentériques furent pris, bien qu'on n'ait pu en constater exactement la tuméfaction, le malade ayant présenté des phénomènes d'ascite.

Depuis quelque temps, l'étude des affections organiques de l'estomac, et en particulier du cancer, est entrée dans une voie toute nouvelle. Le chimisme stomacal, bien étudié par le professeur Hayem et par son élève distingué le docteur Paul Cornet, a été complété par des recherches d'éclairage de l'estomac auxquelles on a donné le nom de gastro-diaphanie. Mon excellent ami le docteur Paul Cornet est actuellement l'un des médecins français qui se soit le plus occupé de ces recherches fort intéressantes. C'est dans son service de l'Hôpital International qu'il m'a été donné d'assister à des explorations stomacales du plus haut intérêt (1). Toutefois, les résultats ne sont en réalité très concluants que dans certaines affections, et si elles permettent de se rendre un compte très exact de la position de l'estomac, du degré plus ou moins considérable de dilatation de cet organe, on ne peut obtenir de données bien manifestes, au point de vue des tumeurs, que si elles siègent à la partie antérieure.

En effet, le néoplasme qui occupe la région du pylore se trouve dirigé d'avant en arrière ; il disparaît avec la plus grande facilité sous la lame hépatique qui le recouvre. Le diagnostic resterait donc très incertain s'il se bornait à ce moyen. Les tumeurs siégeant au voisinage du cardia, ainsi que celles de la face postérieure, sont peu accessibles à l'exploration, en raison de la disposition du squelette de la colonne vertébrale et des côtes. Quant à celles qui siègent à la partie antérieure, il est, en général, très facile de les diagnostiquer par l'exploration

---

(1) Dans un récent mémoire paru dans le *Bulletin de la Polyclinique de l'Hôpital International* (août 1897), le Dr Paul Cornet indique la technique suivie et décrit l'appareil qu'il emploie. La lampe à incandescence nécessaire pour éclairer l'estomac se trouve fixée à l'extrémité d'un tube de la grosseur de celui de Faucher. Deux conducteurs métalliques reliés aux pôles d'une pile permettent au moment du contact d'allumer la lampe. La figure ci-jointe (*Fig.* 11), donne une idée très

directe, et la gastro-diaphanie n'est donc qu'un moyen de contrôle intéressant, sans aucun doute, mais qu'il ne faudrait pas considérer comme indispensable pour le diagnostic des affections néoplasiques de l'estomac. Au contraire, les cas de dilatation sont admirablement indiqués, et l'introduction d'une lampe électrique terminant un tube de Faucher et portée à l'incandescence, lorsqu'une quantité de liquide distend suffisamment les parois de l'estomac, permet d'y constater exactement la capacité et la direction plus ou moins modifiées.

---

exacte de la simplicité de cet appareil, connu sous le nom de lampe Einhorn.

FIG. 11

Le Dr Paul Cornet trouve inutile d'introduire dans l'estomac à éclairer, une quantité d'eau trop considérable. 500 cc. d'eau bouillie tiède suffisent pour les grandes dilatations et, dans la plupart des cas, 300 cc. seulement sont employés. Chez les malades habitués à la sonde, il verse avec le tube de Faucher le liquide jugé utile et dans un deuxième temps il introduit le tube armé de la lampe. « Il importe que le patient reste immobile et ne morde pas la sonde conductrice, trop facilement altérable. Dès que la lumière est faite, nous traçons au crayon dermographique, en un ou plusieurs temps et en déplaçant la lampe dans la mesure du possible, les contours de l'image obtenue par transparence abdominale. Quand tout est fait, soit après trois minutes au plus, nous n'avons qu'à décalquer sur un papier transparent et souple, le tracé abdominal. C'est ainsi que les images reproduites ici et que nous aurions pu multiplier, sont des réductions au huitième des dessins originaux décalqués directement sur les malades. Une vue d'ensemble sur toutes les images obtenues par nous, met en relief, pour la plupart des cas, une chute plus ou moins basse de la grande courbure au-dessous de l'ombilic (*Fig.* 12, 13, 14). Cette fréquence tient, selon nous, à ce que, pour l'éclairage électrique, on choisit presque instinctivement ces malades. Ce sont, le plus souvent, des amaigris ou des maigres, chez lesquels la transparence abdominale est au maximum, et qui présentent, pour cause

Sans vouloir insister plus que de raison sur les signes diagnostiques du cancer de l'estomac, sans vouloir non plus généraliser le traitement chirurgical, il est permis aujourd'hui, en présence des insuccès de la thérapeutique habituelle, de songer à faire bénéficier ces sortes de malades, des ressources de la chirurgie contemporaine. Or, bien que le traitement opératoire du cancer de l'estomac ne soit pas entré dans la pratique courante, il nous est permis néanmoins d'espérer que les malades voués à une mort fatale pourront en reculer la terrible échéance s'ils consentent à subir une opération radicale, parce que dans le néoplasme de ce genre, siégeant aux divers points de l'organisme, nous voyons la survie augmenter sensiblement chez ceux qui ont été opérés de bonne heure. Bien que la récidive, tôt ou tard, soit de règle, nous devons conclure à la nécessité d'intervenir hâtivement dans les cas où le cancer de l'estomac aura été

---

uniquement constitutionnelle, une descente gastrique, de même qu'on a, par faible musculature, une chute testiculaire.

Une autre considération commune, c'est que les images obtenues n'ont pas toujours la forme à peu près gastrique de la *Fig* 12; les con-

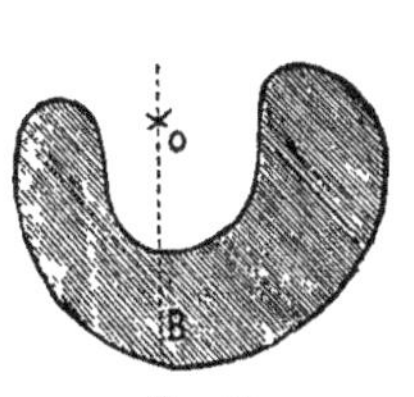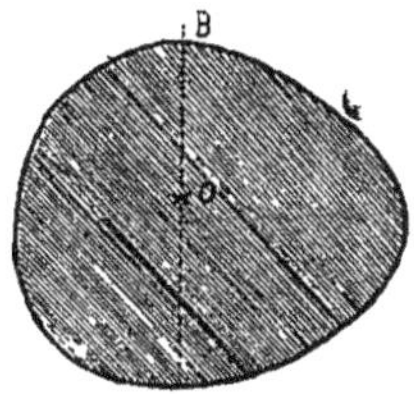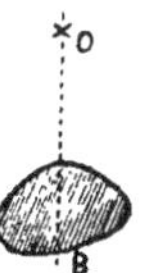

Fɪɢ 12   Fɪɢ. 13   Fɪɢ. 14

O B, Ligne blanche; O, Ombilic.

tours sont des plus variés, circulaires, elliptiques (*Fig*. 13, 14, 15) et parfois bizarres (*Fig*. 16, 17, 18). La plus grosse *objection* qu'on ait pu faire à cette méthode d'exploration, c'est que « l'eau introduite dans l'estomac fait miroir et projette à distance les rayons lumineux ». A cela nous opposons : 1º que la chute de la grande courbure est *réellement* fréquente, surtout chez les maigres ; 2º que dans l'hypothèse de réfraction, le minimum d'eau implique le minimum d'erreur; 3º que nos nombreux tracés concordent en bonne part avec les signes fournis par les autres moyens séméiotiques (palpation, percussion, insufflation, phonendoscopie), quand ces procédés sont capables de fournir des indications; 4º enfin, nous avons de nombreux cas où l estomac paraît bien à son siège normal et fort au-dessous de l'ombilic (*Fig*. 15). En définitive, il nous paraît se dégager présentement, des 160 cas où diagnostiqué avec certitude. Nous devons donc diriger tous nos efforts vers la solution du problème qui consiste à savoir le plus tôt possible à quelle affection nous avons à faire. Nous espérons que les progrès de la science concourront dans une large mesure à rendre le diagnostic précoce de plus en plus certain.

Les commémoratifs, le chimisme stomacal, la palpation, la

---

nous avons éclairé l'estomac, les considérations suivantes : A. la gastro-diaphanie conserve son importance, relative comme celle de tout procédé séméiotique, pris isolément ; B. ce moyen d'éclairage permet d'apprécier de suite et sans grandes chances d'erreur, la chute de la grande courbure, la gastroptose, et l'absence de tumeur ou d'épaississement de la paroi antérieure; C. il suffit, pour favoriser l'éclairage, d'introduire dans l'estomac 300 grammes de liquide au moins et 500 grammes au plus. »

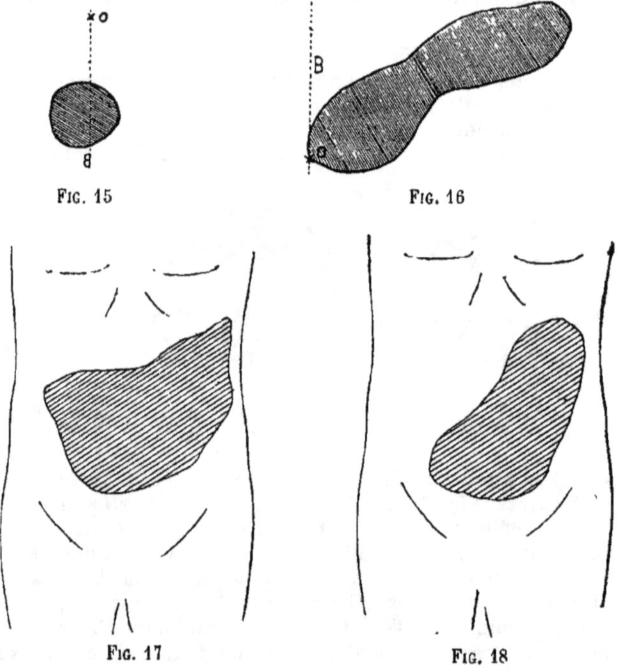

Fig. 15   Fig. 16

Fig. 17   Fig. 18

B O, Ligne blanche; O, Ombilic.

Dans un article antérieur (*Bulletin de la Polyclinique de l'Hôpital International*, août 1896), le Dʳ Paul Cornet donne des schémas des plus intéressants et dont il a bien voulu me confier les clichés. La *Fig*. 17 donne un cas de dilatation en largeur analogue à celui qui a

symptomatologie devront nous servir d'auxiliaires et nous faci-
liter, autant que faire se pourra, à trouver la solution désirable.

Il est incontestable que si l'intervention chirurgicale peut être
tentée avant que les lésions soient considérablement étendues,
que les ganglions de la région se soient infectés, que l'état
général soit devenu précaire, il y aura de grandes chances pour
que le choc opératoire soit réduit à son minimum, que la répa-
ration se fasse dans de bonnes conditions, que la récidive soit
plus lointaine et, qu'en somme, le bénéfice soit plus considérable pour l'opéré.

été signalé par Boas (*Diag. und Ther. der Magenkr*, II Theil, p. 98,
1895).

« La *Fig* 18 représente un cas de dilatation positivement reconnu
par l'éclairage électrique. La *Fig.* 19 signale les trois seuls points trans-
parents A, B, C, comme on le constate assez souvent chez un énorme
dilaté venu le matin à jeun mais dont on avait négligé de vider l'estomac. En effet, après évacuation de deux litres d'un liquide alimentaire et sale, la lampe électrique a permis de prendre un tracé se rap-
prochant de celui de la *Fig.* 18. Enfin, et en quatrième lieu, *Fig.* 20, il

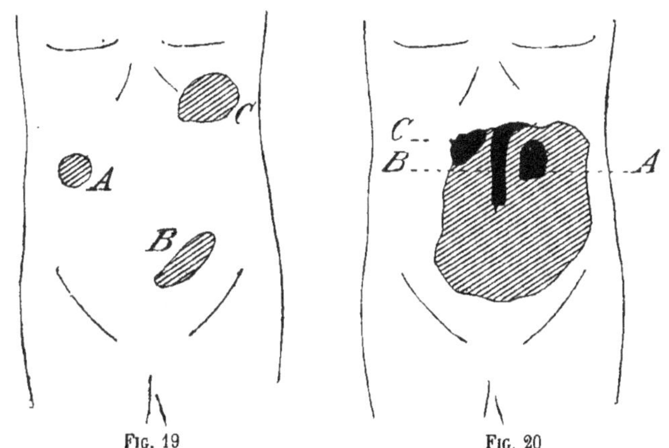

Fig. 19   Fig. 20

est question d'un malade chez lequel deux tumeurs ou deux parties
d'une même tumeur appréciables à la palpation sont produites à l'éclairage par deux ombres, A et C. La partie ombrée B, semble être l'in-
tersection fournie par le grand droit antérieur. » L'auteur conclut en
disant : « 1o que l'éclairage électrique permet de reconnaître rapide-
ment une dilatation de l'estomac, et très souvent une gastroptose ;
2o que par ce procédé l'existence de certaines tumeurs et d'un épaississement de la paroi antérieure peut être confirmée ou reconnue. »

La question de l'intervention chirurgicale dans le cancer de l'estomac fait chaque jour des adeptes nouveaux. Aux observations déjà publiées viennent se joindre les faits cités, dans une séance toute récente, à la Société de Chirurgie. De l'ensemble de ces travaux, il résulte que le traitement chirurgical du cancer de l'estomac est entré dans une voie féconde de progrès. On n'en est plus aujourd'hui à se demander s'il est bon, s'il est juste d'appliquer au néoplasme du pylore un traitement opératoire. Les considérations qui découlent de tous ces travaux tranchent le débat et permettent de conclure ainsi qu'il suit :

CONCLUSIONS

Dans le cas où la dilatation de l'estomac s'accompagne de troubles généraux, d'amaigrissement, de déchéance organique marquée, on doit songer à une dégénérescence maligne.

Quand les signes de la sténose pylorique sont accompagnés d'amaigrissement, de teinte cachectique, etc.. ils sont le plus communément l'indice d'un néoplasme; quand il existe concurremment des vomissements quotidiens et surtout des vomissements mélaniques, le diagnostic devient de plus en plus certain.

En pareil cas, la thérapeutique médicale est frappée d'impuissance et les seules chances de survie reviennent au traitement chirurgical.

On supprimera la lésion toutes les fois qu'il sera possible d'y arriver. On fera, suivant le cas, l'abouchement de l'estomac avec le duodénum, ou bien on fermera les viscères, pour pratiquer la gastro-entéro anastomose.

Dans le cas où la résection de la tumeur ne sera pas jugée possible, par suite de son volume ou de son étendue, on rendra encore un service considérable au malade en se bornant à pratiquer une gastro-entéro anastomose. L'abouchement se fera de préférence entre l'estomac et le jéjunum. Cette simple opération m'a permis d'assurer une survie importante à un malade cependant profondément cachectisé.

Dr BILHAUT,
Chirurgien de l'Hôpital International.

TRAVAUX DE L'AUTEUR

Etude sur la température dans la phtisie pulmonaire (*Thèse de doctorat*). — Paris, Adrien Delahaye, 1872.

Annales d'Orthopédie. — Généralités sur l'orthopédie, sa définition, son but, ses moyens. — Paris, 1887.

Etude sur le torticolis. — Paris, 1887.

Coxalgie, coxo-tuberculose. — Paris, 1888.

Plusieurs cas de scoliose dus à un accroissement inégal des membres inférieurs (Congrès français de chirurgie, 1888).

Thrombus de la vulve consécutif à un accouchement. — Communication faite à la Société médicale du IVe arrondissement, juillet, 1888.

Déformation du thorax se rattachant à l'hypertrophie des amygdales. — Paris, 1889.

Traitement de l'hypertrophie des amygdales par l'excision et par l'ignipuncture. — Paris, 1889.

De l'emploi des tracteurs en caoutchouc dans le traitement du pied-bot paralytique. — Paris, 1889.

Greffe zooplastique faite avec la peau de poulet. — Paris, 1889.

Observation de pieds bots talus valgus guéris par le redressement manuel et l'immobilisation dans l'appareil de gutta percha. — Paris, 1889.

Guérison d'un pouce bifide par un nouveau procédé opératoire (Congrès français de chirurgie, 1889).

Collier à extension continue à appliquer dans le torticolis osseux. — Paris, 1889.

Scoliose consécutive à la pleurésie. — Paris, 1890.

Un nouveau fait de claudication intermittente. — Paris, 1890.

Traitement précoce du pied bot congénital (Communication faite au Xe Congrès international des sciences médicales, Berlin, 1890).

Nouveaux corsets orthopédiques : corsets de bois. — Paris, 1890.

Torticolis musculaire. — Ténotomie sous-cutanée, ténotomie à ciel ouvert — Procédé de choix. — 1890.

Etude sur les corsets de bois appliqués au traitement de la scoliose. — Technique de leur fabrication. — Paris, 1891

Double orteil en marteau d'origine musculaire. — Paris, 1891.

Exostose sous-unguéale du gros orteil droit — Incision, ablation par fragmentation. Guérison. — Paris, 1891.

Fistule coccygienne congénitale. — Abcès multiples. — Incision, récidive, destruction au thermo-cautère pendant l'anesthésie à la cocaïne. Guérison. — Paris, 1891.

Genu valgum. — Son traitement par simple redressement et immobilisation. — Paris, 1891.

Pied plat valgus douloureux. — Sa guérison par le redressement et l'immobilisation. — Paris, 1891.

Pied plat valgus douloureux. — Etiologie et déductions thérapeutiques. — Paris, 1891.

Abcès tuberculeux du poignet gauche. — Guérison par injections interstitielles de chlorure de zinc. — Paris, 1892.

Observation de craniectomie. — Paris, 1892.

Mal de Pott dorsal. — Abcès volumineux intra-abdominaux. — Ponction aspiratrice, injection d'éther iodoformé. Guérison. — Paris, 1892.

Luxation congénitale de la hanche. — Tentatives de réduction par la méthode de Paci, insuccès. Opération de Hoffa. Guérison par première intention. — Paris, 1893.

Kyste hydatique du foie. Traitement chirurgical par incision et drainage.— Présentation de l'opéré à la Société médicale des Praticiens. — Paris, 1893.

Main bote. — Analogie avec le pied bot. — Distinction à établir entre la main bote congénitale et celle qui est acquise. — Main bote d'origine traumatique. — Indications concernant le traitement. — Traitement orthopédique. — Traitement chirurgical.— *Avec cinq clichés illustrant le texte.*—Paris, 1893.

Coxalgie et extension continue. — *Avec deux clichés en galvanoplastie.* — Paris, 1893.

Traitement précoce d'ostéo-arthrites tuberculeuses. — Méthode sclérogène et arthrectomie. — Paris, 1893.

Les ossements de Louis XVII.— *Dix clichés et trois photogravures illustrant le texte.* — Paris, 1894.

Traitement chirurgical de la coxalgie. — Paris, 1894.

Médecine et vélocipédie. — Paris, 1894.

Un cas de macroglossie. — Paris, 1894.

Croup d'emblée ; trachéotomie ; injection de sérum anti-diphtérique.— Guérison. — Paris, 1894.

Observation de mégalo-dactylie. — *Un cliché dans le texte.* — Paris, 1895.

Traitement chirurgical de l'hydrocéphalie. — Note au sujet d'une craniectomie circulaire pratiquée sur une petite hydrocéphale de deux ans et demie. — Paris, 1895.

Scoliose consécutive à la névralgie sciatique spasmodique. — Paris, 1895.

Exostose sous-unguéale à implantation latérale externe. — *Deux clichés dans le texte.* — Paris, 1895.

Malformations multiples chez un nouveau-né. — Double pied bot varus équin. — Amputation congénitale du petit doigt de la main gauche. — Sillons à la première phalange de l'index, du médius et de l'annulaire de la même main. — *Quatre clichés dans le texte.* — Paris, 1895.

Cancer de l'œsophage. Gastrostomie. — Paris, 1895.

Bec de lièvre unilatéral. — Fissure palatine complète ; urano-staphylorraphie. — Restauration de la lèvre supérieure dans un 2e temps opératoire. — *Six clichés dans le texte.* — Paris, 1896.

Ulcère du nez, dénudation de la cloison. — Autoplastie par glissement. Guérison. — *Deux clichés dans le texte.* — Paris, 1896.

Nouveau corset orthopédique. — *Deux clichés dans le texte.* — Paris, 1896.

Traitement précoce des tumeurs blanches. — Paris, 1896.

Le traumatol. Son emploi en chirurgie. — Paris, 1896.

Luxation congénitale de la hanche. — *Trois clichés dans le texte.* — Paris, 1896.

Considérations sur le pied bot varus équin paralytique. — Déformation de l'astragale. — Astragalectomie. — Guérison. — *Quinze clichés dans le texte.* — Paris, 1896.

Torticolis. — Scoliose d'attitude. — Chorée. — Guérison. — Paris, 1896.

Cure radicale de la hernie inguinale chez l'enfant. — Observations. — Traitement de la hernie par la méthode sclérogène. — Réflexions. — Conclusions. — Paris, 1896.

Fractures. — Observation d'une fracture de jambe. — Absence de consolidation. — Intervention chirurgicale. — Suppression d'une bride musculo-fibreuse. — Avivement des os. — Suture osseuse. — Guérison. — Paris, 1896.

Absence congénitale du premier métacarpien gauche, présence des deux phalanges du pouce. — Intervention chirurgicale. — Suture de la première phalange du pouce avec le métacarpien de l'index. — *Un cliché dans le texte.* Paris, 1896.

Deux observations de kystes de l'ovaire avec torsion du pédicule. — Ovariotomie. — Guérison. — Paris, 1896.

Extension continue dans les arthrites tuberculeuses. — *Quatre clichés dans le texte.* — Paris, 1896.

Redressement du rachis dans le mal de Pott. Bosses et bossus. — Paris, 1897.

Mal de Pott. — Son traitement. — *Sept clichés en photogravure.* — Paris, 1897.

Mal de Pott. - Réflexions. — Etat de la question. — Points acquis. — Desideratas. — Conclusions. — *Deux clichés et deux photogravures dans le texte.* — Paris, 1897.

Un cas de genu-recurvatum congénital. — Paris, 1897.

Quelques considérations sur la scoliose et son traitement. — *Un cliché et quatre photogravures dans le texte.* — Paris, 1897.

Prolapsus génitaux. — *Deux clichés dans le texte.* — Paris, 1897.

Accroissement de la taille chez les pottiques et plus particulièrement chez ceux qui ont été soumis au redressement — *Douze clichés et deux photogravures dans le texte.* — Paris, 1898.

Traumatismes du coude. — Utilité de la radiographie. — *Trois photogravures et deux clichés en simili-gravure dans le texte.* — Paris, 1898.

Traitement de la scoliose. — *Sept clichés dans le texte.* — Paris, 1898.

Tumeur volumineuse du rein gauche chez un adolescent de 15 ans. — Néphrectomie. — Guérison. — *Deux photogravures dans le texte.* — Paris, 1898.